第2届建筑类多媒体课件大赛获奖作品系列

建筑钢结构设计

中国建设教育协会　组织
付　涛　　严　钧　编制

中国建筑工业出版社

第2届建筑类多媒体课件大赛获奖作品系列
建筑钢结构设计
中国建设教育协会　组织
付　涛　　严　钧　编制
*
中国建筑工业出版社出版、发行（北京西郊百万庄）
各地新华书店、建筑书店经销
北京嘉泰利德公司制版
北京方嘉彩色印刷有限责任公司印刷
*
开本：787×1092毫米　1/32　印张：5/8　字数：18千字
2009年8月第一版　　2009年8月第一次印刷
定价：**98.00**元
ISBN 978-7-89475-078-5
(17694)

建筑钢结构设计

一、前言

钢结构课程内容丰富、理论问题复杂、构造节点繁多，如果仅仅采用传统的课堂教学方式，学生的学习积极性不高，很难取得理想的教学效果。如何使学生既能掌握钢结构的基本原理和知识，又能综合运用所学知识进行整个钢结构的设计与施工是钢结构教学面临的重要课题。

构件之间的连接是钢结构学习的一个重要部分，要正确地理解和设计一个连接节点，首先就必须清楚地了解组成该连接的各部件的形状、位置、作用等，从而分析出各部件之间是如何进行力的传递的。许多钢结构连接节点组件多，构造复杂，仅凭平面图形很难掌握该节点的全貌，对学生的空间想象能力和读图能力要求很高。传统的钢结构教学以课堂讲授为主，学生很难有到工厂或工地参观实习的机会，对教材上给出的许多连接、节点构造图形没有直观的认识，这对深入学习和理解相关的内容造成困难。有些教研室也准备了一些相关的连接构造教学模型，但这些模型通常体型较大，携带不便，且容易老化，实际教学中应用较少。

为改进钢结构教学方法，提高课堂教学效果，本课件采用虚拟模型系统来辅助教学。所谓虚拟模型，即采用实体建模的方式，在电脑程序中再现钢结构的构件形式、变形形式以及节点构造方式等，然后在特定的程序环境中实现对虚拟模型的观察（包括旋转、平移、缩放等），并通过中间程序将虚拟模型各组成部分设置在不同层上，通过点击模型上的特定部件对其进行拆解，从而可以更好地观察到各部件的形状以及模型的构成。用于课堂教学时，模型直观形象，加强学生对抽象的理论概念、复杂的节点构造等问题的理解，较明显地提高课堂教学效果；用于学生自学时，理论学习与实践操作相得益彰，可使学生获得较完整的相关知识。与传统教学方法相比，课件教学具有直观形象、方便学生自学和使用方便等优点。

本课件可配合《房屋钢结构设计》（沈祖炎等著，中国建筑工业出版社出版）教材使用，内容共分四章，包含常见钢结构连接节点 70 个。具体内容及使用注意事项分述于后。

在课件编制过程中，得到了本学院同事李苏旻的大力支持，她对于程序的网络式框架构建及模型配色等技术问题的解决作出了很大的贡献，在此表示感谢！

二、系统使用说明

1. 系统要求：须运行在 Windows98、2000、XP 及以上系统中，同时必须已经安装 IE5.0（及以上版本）和 Office2000（及以上版本）。为了达到最佳阅读效果，请将显示器分辨率设为 1024×768！16 位以上颜色，内存需 64MB 以上。

2. 安装：光盘放入光驱后自动运行，根据机器的配置不同，等待时间可能稍有不同。软件运行环境：Internet Explorer、Microsoft Office、Cult3D。

3. 插件支持：如果您的电脑不支持虚拟现实程序，需要安装 Cult3D 插件。

4. 使用说明：只要单击主页左侧的“设计理论部分”、“虚拟模型部分”、“练习题”、“使用帮助”、“参考文献”等，即可进入相关学习内容。

5. 使用许可

本软件包括模型制作、软件编制等全过程均为自行制作、开发，版权所有。请仔细阅读以下使用许可，如果您不同意以下任何一点，请立即停止使用此软件。

（1）作者授予您对此版本的最终用户使用许可权。

（2）您不能对此软件作任何反向工程，如反汇编，跟踪等。

（3）尽管本软件经过了严格的设计和测试，但与很多软件一样，不包含任何使用保证，不能保证适用或不出故障。

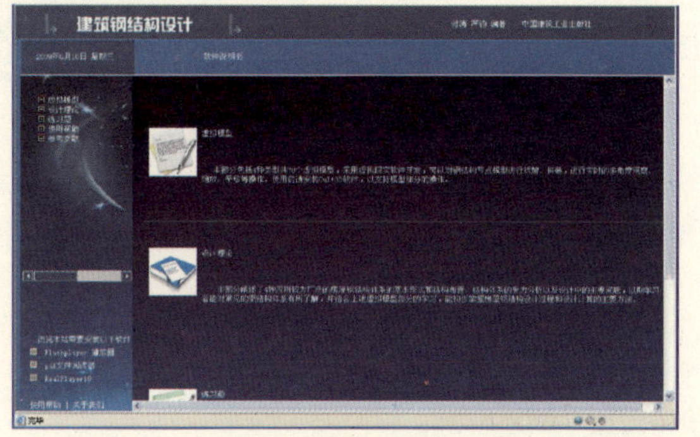

图 1　课件主页面

三、课件功能特色

1. 课件教学内容体系完整，紧扣教学大纲，选题适应教学对象需要；内容正确，层次清楚，突出教学重点，突破教学难点；启发思维，革新教学方法和手段，提高了教学效率，增大了课堂信息量。

2. 引入虚拟现实技术，模拟仿真形象准确真实；媒体多样，选材适度，设置恰当，构思巧妙，节奏合理；界面友好，运行安全可靠，容错能力强，操作方便，性能稳定。

3. 艺术性较高。课件通用性好，速度快，易操作，交互性好。采用网页格式，使用超链接、地图导航组织教学体系，课件的界面、画面力求精美，整体简洁协调。

4. 课件具有共享性、开放性，适用于不同层次院校土木工程等专业教学。

四、“虚拟模型”使用介绍

1. 内容介绍

本模块包含四部分内容，分别是“平台钢结构设计模型”、“轻型单层厂房设计模型”、“重型单层厂房设计模型” 和 “多层房屋钢结构设计模型”。各部分所含模型名称见下表。

虚拟模型列表 **表1**

模块名称	虚拟模型名称	对应教材平面图形[注1]
平台钢结构设计模型	简单梁系钢平台	图2－2（a）
	主次梁系钢平台	图2－2（b）
	连续次梁叠接于主梁	图2－22（a）
	次梁平接于主梁	图2－22（b）
	次梁平接于主梁加劲肋	图2－22（c）
	次梁平接于主梁支托	图2－22（d）
	次梁平接刚接于主梁	图2－22（e）

续表

模块名称	虚拟模型名称	对应教材平面图形[注1]
平台钢结构设计模型	主梁连接于柱顶（夹板式）	图 2－24（a）
	主梁连接于柱顶（突缘式）	图 2－24（b）
	连续主梁连接于柱顶（一）	图 2－24（c）
	连续主梁连接于柱顶（二）	图 2－24（d）
	主梁连接于柱侧牛腿	图 2－25（a）
	主梁连接于柱侧支托	图 2－25（b）
	主梁连接于柱侧（刚接）	图 2－25（c）
	直立钢梯	图 2－27
轻型单层厂房设计模型	压型钢板的扣合式连接	图 3－11
	压型钢板的咬合式连接	图 3－12
	热轧角钢檩托	图 3－19（a）
	加劲钢板檩托	图 3－19（b）
	支撑端部节点板式连接	图 3－24
	支撑端部螺纹连接	图 3－25
	墙梁与柱腹板连接（一）	图 3－26（a）1
	墙梁与柱腹板连接（二）	图 3－26（a）2
	墙梁连接于柱翼缘	图 3－26（b）
	无加劲肋的端板式节点	图 3－37（a）
	有加劲肋的端板式节点	图 3－37（b）
	梁柱刚接端板竖放式	图 3－38（a）
	梁柱刚接端板横放式	图 3－38（b）
	梁柱刚接端板斜放式	图 3－38（c）
	梁柱刚接中柱节点	图 3－38（d）
	梁与中柱铰接连接	图 3－39
	双锚栓铰接柱脚	图 3－40（a）
	四锚栓铰接柱脚	图 3－40（b）
	角钢刚性支撑	图 3－43（a）
	槽钢刚性支撑	图 3－43（b）
	槽钢双节点板刚性支撑	图 3－43（c）
	角钢双节点板刚性支撑	图 3－43（d）

续表

模块名称	虚拟模型名称	对应教材平面图形[注1]
重型单层厂房设计模型	屋架杆件的填板	图4－21
	十字形杆件的填板	————[注2]
	屋架上弦节点	图4－25
	屋架下弦节点	图4－26（a）
	屋架下弦节点（有吊轨）	图4－26（b）
	屋架上弦拼接节点	图4－27（a）
	屋架下弦拼接节点	图4－28（a）
	三角形屋架铰接支座节点	图4－29（a）
	梯形屋架铰接支座节点	图4－29（b）
	屋架与柱的刚接构造	图4－30
	吊车梁和制动梁	图4－40
	吊车梁与柱的连接	图4－45
	吊车梁支撑	图4－46
	分离式柱的组成	图4－53
	格构柱角钢横隔	图4－54（c）
	格构柱钢板横隔	图4－54（d）
	格构柱内外缀条	图4－54（e）
	单壁式肩梁的工地拼接	图4－58
	实腹式柱刚性柱脚	图4－61
	横向分离式柱脚	图4－64（a）
	分离式柱整体柱脚	图4－66
	柱间支撑与柱的连接	图4－70
多层房屋钢结构设计模型	梁柱全焊连接（刚接）	图6－2（a）
	梁柱翼缘焊接（刚接）	图6－2（b）
	梁腹板与柱螺栓连接（铰接）	图6－2（c）
	梁与柱牛腿连接（铰接）	图6－2（d）
	梁柱半刚性连接	图6－2（e）
	梁柱标准型直接连接	图6－30

续表

模块名称	虚拟模型名称	对应教材平面图形注1
多层房屋钢结构设计模型	梁与带悬臂段的柱连接	图 6 – 32
	梁垂直于工字形柱腹板的梁柱连接	图 6 – 35
	外包式柱脚	图 6 – 43
	外露式柱脚（四锚栓）	图 6 – 44（a）
	外露式柱脚（八锚栓）	图 6 – 44（b）

注 1：此处教材指《房屋钢结构设计》（沈祖炎，陈以一，陈扬骥编著．北京：中国建筑工业出版社，2007）；

注 2：本图选自《钢结构》（魏明钟编著. 武汉：武汉理工大学出版社，2002）。

2. 使用示例

点击页面左侧前面带“+”的“虚拟模型”字样（⊞ 虚拟模型），即可显示四个部分的名称（见图 2）。再点击前面带“+”的文字如“平台钢结构设计模型”，即可展开该部分的各模型清单（见图 3），拖动下侧和右侧的滚动条可以观看到全部内容。

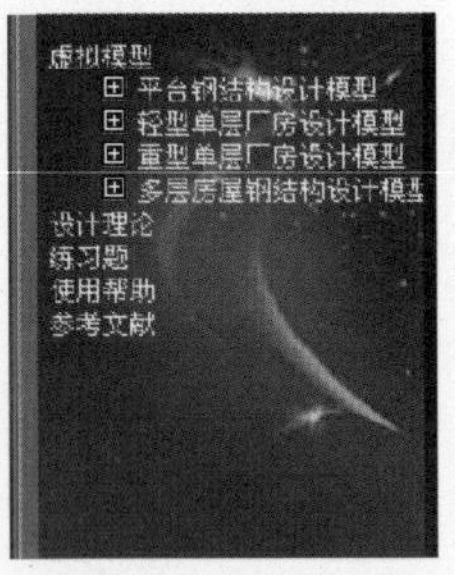

图 2　虚拟模型下的四个部分

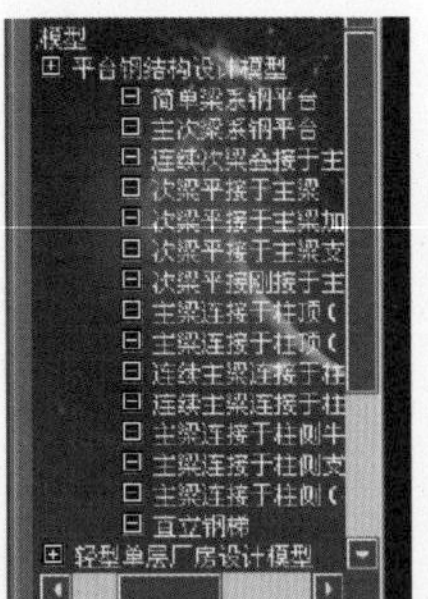

图 3　“平台钢结构设计模型”的各模型名称

点击三级菜单下前面带“−”的文字，即可对相关模型进行研究学习。如在“平台钢结构设计模型”下点击“次梁平接于主梁”，页面右边会显示如图 4 所示内容。每个模型的初始页面显示的是可观察和拆解的虚拟模型，点击页面上方的“顶视图”、“正视图”、“侧视图”、“轴测图”等，可分别显示该模型的相应视图（见图5）。点击各图下方的“TOP”可回到模型页面。

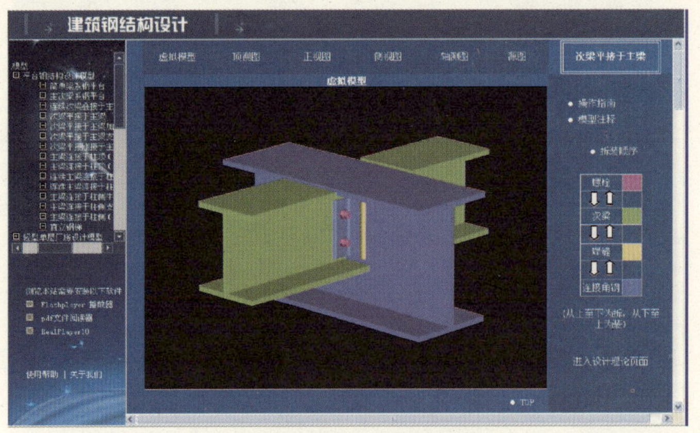

图4　虚拟模型节点初始页面

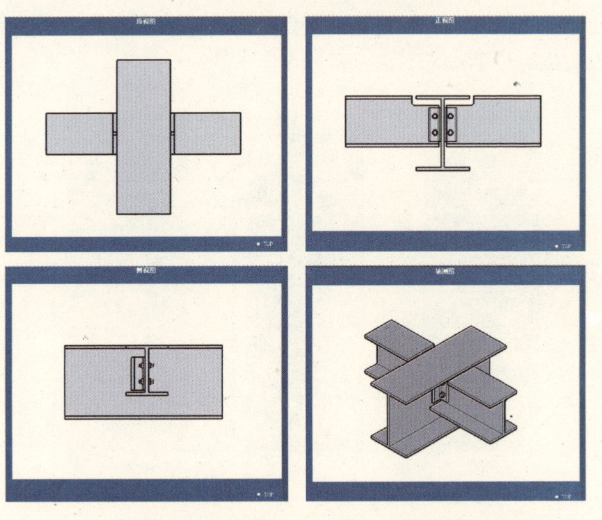

图5　虚拟模型的顶视图、正视图、侧视图和轴测图

点击“源图”，可显示教材上与该模型对应的平面图形，见图6。

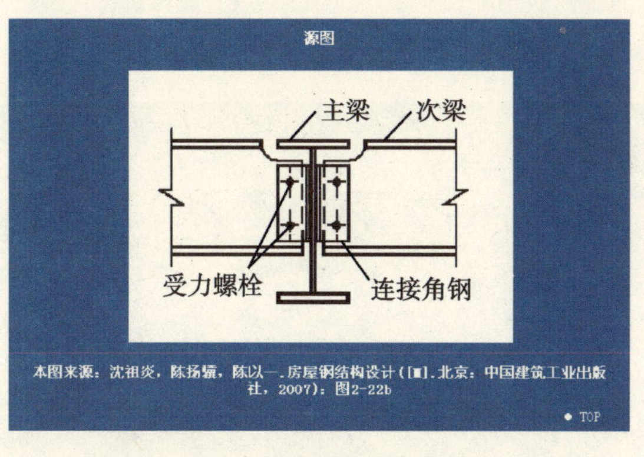

图6　虚拟模型的源图页面

页面右上角双线框中标明了该模型的名称（见图4）。右侧菜单各项为操作指导，点击“操作指南”和“模型注释”，可分别展开相应的文字说明；拆装顺序直接可见，见图7。

将鼠标放在模型上，屏幕左上角会显示该模型的名称，而鼠标后面会显示出当前位置处的部件名称（见图8）。

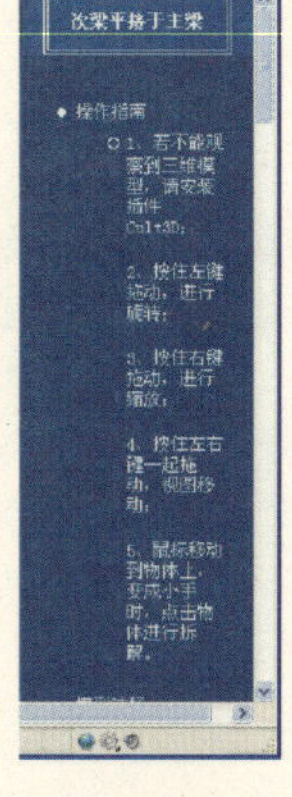

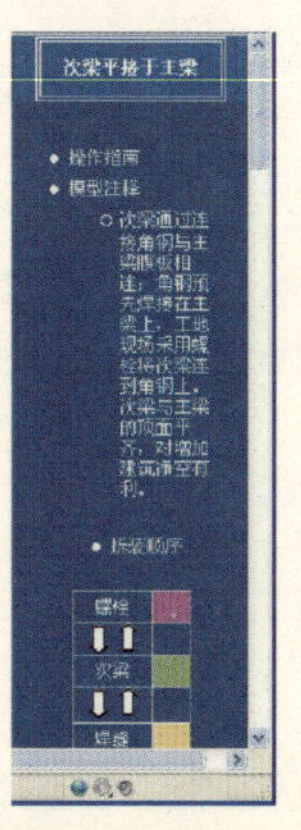

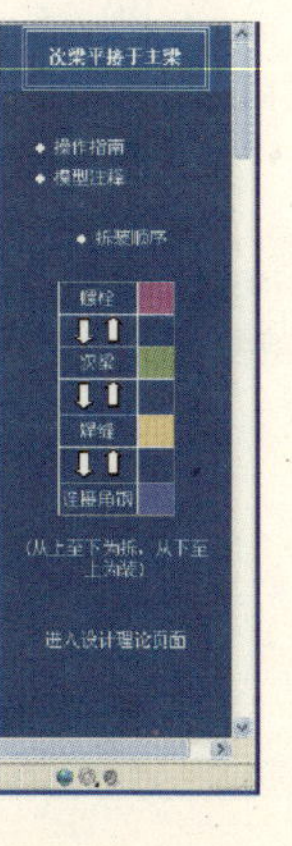

图7　虚拟模型的操作指南和模型注释

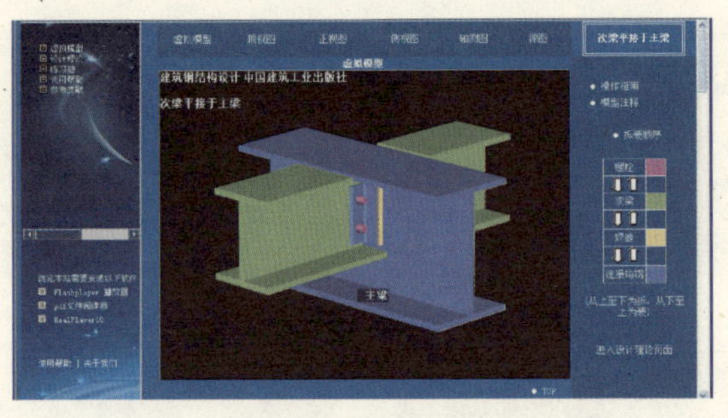

图8　光标跟随显示虚拟模型的部件名称

观察模型时，在模型以外的地方按住鼠标各键，模型将会旋转、缩放或移动。按住鼠标左键并拖动，模型将朝鼠标拖动方向旋转；按住鼠标右键并拖动，模型将朝鼠标拖动方向放大或缩小；同时按住鼠标左右键并拖动，模型将会随之平移（见图9）。

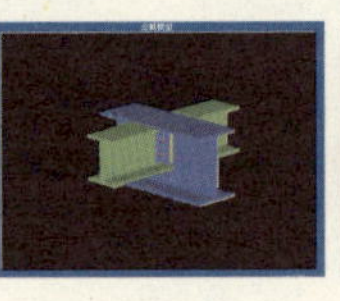
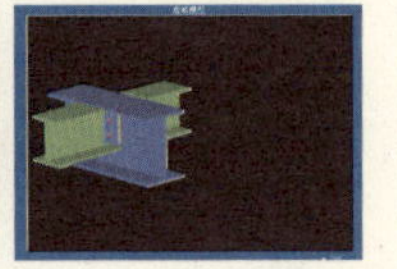

图9　由左至右：虚拟模型的旋转、缩放、平移

进行模型拆解时，应按照右侧菜单“拆装顺序”提示的先后顺序，分别点击模型的相应部件，可顺利地将模型拆开。“拆装顺序”表格左列标明了各部件的名称，右列显示出该部件的颜色，方便读者快速找到相应部件。拆解时，只有将鼠标放置到正确的部件上时，光标才会由箭头变为手形图案，指示该部分为当前惟一可拆部件。图10显示了虚拟模型“次梁平接于主梁”的拆解过程。

3. 相关链接

各虚拟模型页面右下角均有 进入设计理论页面 字样，该字样是链接到下一部分“设计理论”的索引，点击该文字，页面将转到设计理论页面。读者可通过“虚拟模型”与“设计理论”两部分的相互链接，方便地随时查看相关内容，以获得更好的学习效果。

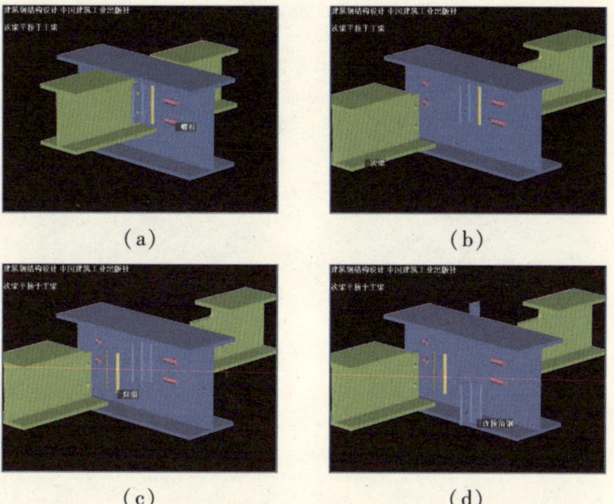

(a)　(b)　(c)　(d)

图 10　虚拟模型“次梁平接于主梁”分步拆解过程

(a) 拆解螺栓；(b) 拆解次梁；(c) 拆解焊缝；(d) 拆解连接角钢

五、“设计理论”内容介绍

1. 内容介绍

本部分包含四个章节，分别是“第一章　平台钢结构设计”、“第二章　轻型单层厂房设计”、“第三章　重型单层厂房设计”和“第四章　多层房屋钢结构设计”。各章节主要内容见下表。

设计理论各章节主要内容　　**表 2**

各章名称	主要内容
第一章　平台钢结构设计	第一节　概述 第二节　平台钢铺板设计 第三节　平台梁设计 第四节　平台柱设计 第五节　节点设计 第六节　钢楼梯

续表

各章名称	主要内容
第二章　轻型单层厂房设计	第一节　荷载与结构体系 第二节　屋面结构设计 第三节　墙面结构设计 第四节　门式刚架的设计计算 第五节　刚架节点和柱脚设计 第六节　柱间支撑设计
第三章　重型单层厂房设计	第一节　结构选型与结构布置 第二节　荷载和结构分析 第三节　屋盖结构设计 第四节　吊车梁系统设计 第五节　框架柱设计 第六节　柱间支撑设计
第四章　多层房屋钢结构设计	第一节　多层房屋钢结构体系 第二节　多层房屋钢结构的荷载效应和组合 第三节　多层钢结构的结构分析 第四节　楼面结构及梁、柱的结构设计 第五节　框架梁柱连接节点 第六节　柱脚

2. 使用示例

点击页面左侧前面带“+”的“设计理论”字样（⊞ 设计理论），即可显示四个章节的名称（见图 11）。再点击前面带“—”的文字如“第一章　平台钢结构设计”，即可展开该章的 PPT 页面（见图 12）。

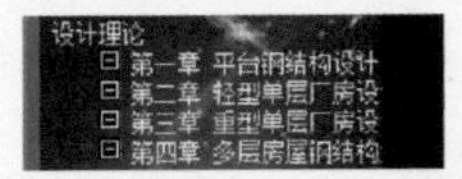

图 11　设计理论下的四个章节

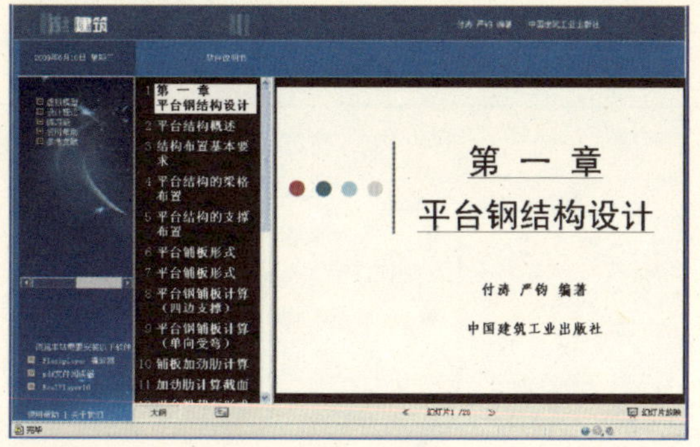

图 12 “第一章 平台钢结构设计”的 PPT 页面首页

3. 相关链接

设计理论页面中，凡有对应虚拟模型的图片，下方均有“点击观察该虚拟模型”字样，该字样是链接到上一部分“虚拟模型”的索引，点击有下划线的文字（用不同颜色标出），页面将转到对应的虚拟模型页面，方便读者随时查看相关内容，以获得更好的学习效果。如图 13 所示，点击左侧“简单梁系平台布置”下方的“点击观察该虚拟模型”，将会链接到“简单梁系钢平台”虚拟模型页面；点击右侧“主次梁系平台布置”下方的“点击观察该虚拟模型”，将会链接到“主次梁系钢平台”虚拟模型页面。

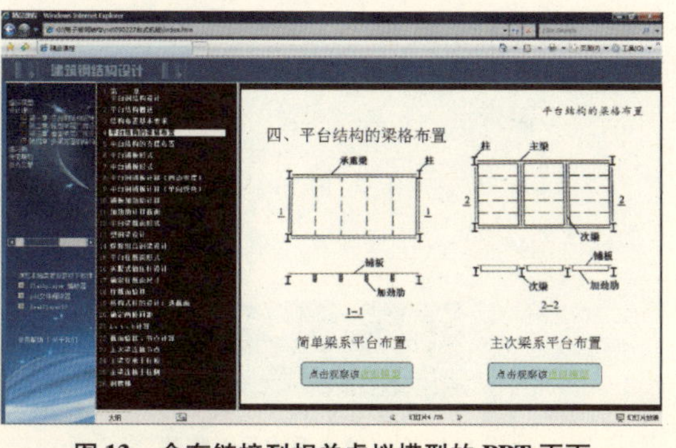

图 13 含有链接到相关虚拟模型的 PPT 页面

六、其他内容介绍

“练习题”部分给出了各章的思考题和习题，通过点击各章标题可直接查看，见图 14。

“使用帮助”给出了程序运行的相关信息。

“参考文献”列出本课件的主要参考文献。

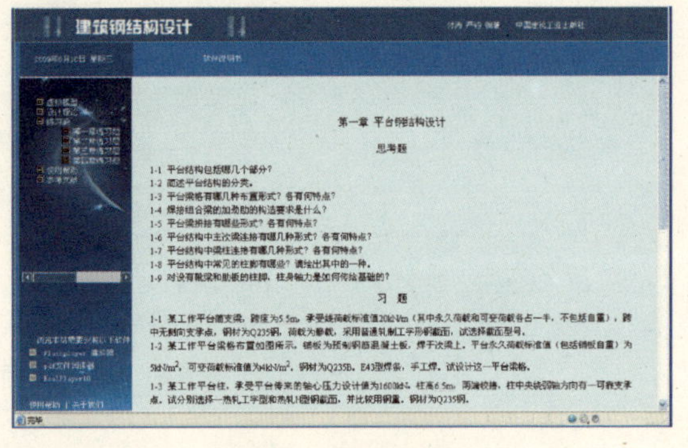

图 14　练习题页面

七、常见问题及解决方法

1. 当打开 Internet Explorer 时，会遇到提示，阻止插件运行，这是系统保护的正常情况。但因为本软件使用了插件，请选择“允许阻止的内容”，否则无法正常浏览；本课件的插件已经过严格测试，不会对您的计算机造成损害，请放心使用。

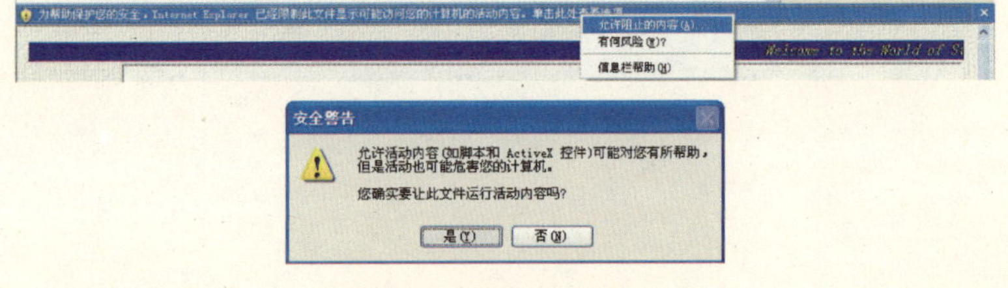

图 15　允许阻止内容操作

2. 请将 Internet Explorer 的字体大小设置为“中”，执行顺序如下“查看/文字大小/中”，如安装了 Google 等搜索条，请在本软件运行时关闭，以保证最佳浏览效果。

3. 当浏览“虚拟模型”时，如果无法浏览三维模型，页面的中间为空白，此时请安装 Cult3D 插件。安装 Cult3D 插件的过程如下图 17 所示。

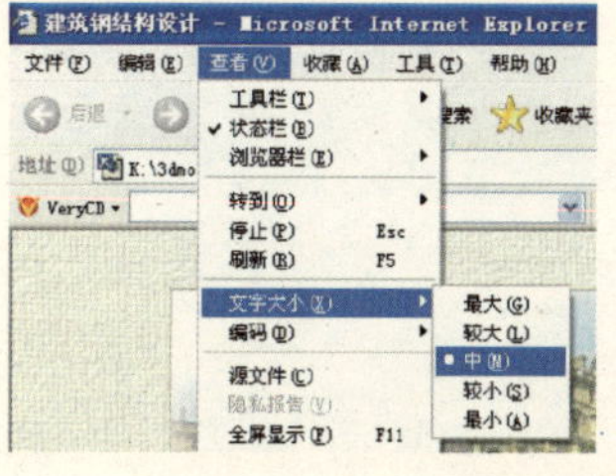

图 16　Internet Explorer 浏览器的文字大小设置

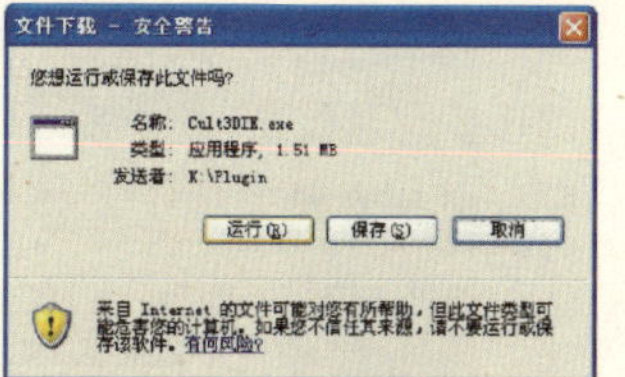

图 17　安装插件

参考文献

[1] 沈祖炎，陈以一，陈扬骥. 房屋钢结构设计 [M]. 北京：中国建筑工业出版社，2007.

[2] 陈志华. 建筑钢结构设计 [M]. 天津：天津大学出版社，2004.

[3] 魏明钟. 钢结构 [M]. 武汉：武汉理工大学出版社，2002.

[4] 苏明周. 钢结构 [M]. 北京：中国建筑工业出版社，2003.

[5] 王新堂，王秀丽. 钢结构设计 [M]. 上海：同济大学出版社，2005.

[6] 赵风华，黄金林. 钢结构设计原理 [M]. 北京：高等教育出版社，2005.

[7] 王肇民. 建筑钢结构设计 [M]. 上海：同济大学出版社，2001.